BEI GRIN MACHT SICH IHR WISSEN BEZAHLT

- Wir veröffentlichen Ihre Hausarbeit,
  Bachelor- und Masterarbeit

- Ihr eigenes eBook und Buch -
  weltweit in allen wichtigen Shops

- Verdienen Sie an jedem Verkauf

Jetzt bei www.GRIN.com hochladen und kostenlos publizieren

Dieses Buch bei GRIN:

https://www.grin.com/document/382047

Jannes Mittelbach

Bäume und Menschen. Parallelen in ihren Verhaltensweisen

GRIN Verlag

Parallelen in den Verhaltensweisen zwischen Bäumen und Menschen

Jannes Mittelbach

1 Inhalt

2 Einleitung

Diese Facharbeit behandelt Parallelen zwischen Bäumen und Menschen. Da Bäume bei der Fotosynthese das Treibhausgas Kohlenstoffdioxid (CO2) aufnehmen, wird es auf der Erde gespeichert, wodurch weniger CO2 in die Atmosphäre gelangt und der Treibhauseffekt verringert wird. Zudem ist es bereits erwiesen, dass Wälder eine positive Wirkung auf das Immunsystem des Menschen haben (vgl. Cervinka et al. 2014). Trotzdem kommt es global zu Rodungen von Wäldern. Der Treibhauseffekt wird verstärkt. Der Klimawandel schreitet voran. Daher versuche ich mit dieser Arbeit das Bewusstsein der Menschen gegenüber Bäumen positiv zu bestärken, indem ich Parallelen zwischen beiden aufzeige und untersuche. Ziel soll sein, Bäume als interagierende Lebewesen, genau wie Tiere und Menschen anzusehen. Da wir im anatomischen Sinne sichtlich wenige Gemeinsamkeiten mit Bäumen haben, werde ich den Schwerpunkt auf die Verhaltensweisen setzen, die Ähnlichkeiten zu menschlichen Verhaltensweisen aufweisen. Dabei werde ich meinen Schwerpunkt auf das Kommunikations- und Sozialverhalten verlagern. Im Zuge dessen soll die Frage, ob und inwieweit Parallelen in den Verhaltensweisen zwischen Bäumen und Menschen auszumachen sind, behandelt und beantwortet werden. Studien, Beobachtungen und wissenschaftliche Erkenntnisse über die pflanzliche Neurobiologie, die Aufschluss über das Verhalten von Pflanzen und Bäumen liefern, werden herangezogen. Diese werden mit verschiedenen Modellen und Theorien zum menschlichen Verhalten verglichen, um Gemeinsamkeiten zu erschließen. Dabei werde ich ein großes Spektrum an Arbeiten von Wissenschaftler und Forscher aus der ganzen Welt verwenden und in Frage stellen, um mögliche Gemeinsamkeiten in den Verhaltensweisen zwischen Bäumen und Menschen möglichst präzise darzustellen. Diese sollen zudem kritisch nach dem Grad der Gemeinsamkeit bewertet und zum Teil auf molekularer Ebene untersucht werden.

Stumm, passiv, willenslos. Ein Stamm, viele Äste und ein riesiges Blätterdach. Ein Produkt der Natur. Zu leblos erscheinend, um es als intelligentes Lebewesen zu betrachten. Für viele mag diese Betrachtungsweise Realität sein. Doch genau diese Betrachtungsweise gilt es zu ändern. Wussten sie, dass Bäume in der Lage sind Töne wahrzunehmen und auf diese zu reagieren? Dass Bäume lernfähig sind und ein komplexes Sozialverhalten aufweisen? Oder genau wie wir Menschen miteinander kommunizieren? Die folgenden Seiten werden ihnen Aufschluss über diese und weitere Verhaltensweisen liefern.

3 Kommunikation

Wir Menschen kommunizieren, indem wir durch unsere Sinne Eindrücke der Umwelt wahrnehmen und uns über diese, unsere Gedanken, Gefühle, Ziele und weitere Informationen mit anderen aktiv austauschen. Dabei findet eine Interaktion zwischen Sender und Empfänger nach dem klassischen Shannon-Weaver-Modell statt. Hierbei wird ein Signal, ausgehend von einem Sender, gesendet. Es gelangt durch einen Kanal zu dem Empfänger des Signals (vgl. Röhner, Schutz 2012: 17). Dieses Modell ist lediglich für menschliche Protagonisten entwickelt. Im Folgenden werde ich es auf Bäume übertragen, um Parallelen in dem Kommunikationsverhalten zwischen Bäumen und Menschen darzustellen und einzugrenzen.

3.1 Olfaktorische Wahrnehmung

Peter Wohlleben spricht Bäumen die Fähigkeit zu, Düfte ihrer Artgenossen wahrzunehmen und auf sie zu reagieren. So ist bei Schirmakazien (*Vachellia tortilis*) in Afrika zu beobachten, dass wenn Giraffen beginnen Blätter von der *Vachellia tortilis* zu fressen, Ethylen, ein sog. Phytohormon, produziert wird. Dieses gibt dem/n Empfänger/n das Signal, Giftstoffe in den Blättern einzulagern. Geschieht dies, sind die Blätter ungenießbar für die Giraffen (vgl. Wohlleben 2015: 14).

Durch eine Veränderung des Membranpotenzials wird eine Depolarisation an der Bissstelle ausgelöst. Daraus folgt ein Aktionspotenzial, wie im menschlichen Nervensystem, welches die Ausschüttung der Duftstoffe, sowie das Einlagern von Giftstoffen in den Blättern zur Folge hat. Ein Aktionspotenzial beschreibt eine Veränderung der Spannung an den Membranen von menschlichen, tierischen und pflanzlichen Zellen. Dies ergibt sich durch den Fluss von Mineralien zwischen intra- und extrazellulärem Raum (vgl. Faller 2012: 100). Dem Shannon-Weaver-Modell zu urteilen, findet hier ein Informationsaustausch statt. Die angefressene *Vachellia tortilis*, der Sender, versendet mittels Pheromon-bildenden Zellen, dem Kodierer, das Signal, Giftstoffe in den Blättern einzulagern. Dieses Signal, in Form von Ethylen, wird durch den Kanal „Luft" an den Kodierer, Zellen des Empfänger-Baumes, die Geruchsstoffe aufnehmen und aus Folge dessen elektrische Signale im Baum senden können, weitergeleitet (vgl. Abbildung 2 im Anhang). Dabei zu berücksichtigen ist jedoch, dass der Empfänger nicht unbedingt ein anderer Baum, sondern auch die Blätter des Senders sein können. Der Baum kann bei einem Befall durch Prädatoren mittels elektrischer Signalweiterleitung über den ganzen Baum die Information eines Befalles verbreiten. Da dies jedoch deutlich langsamer als beim Menschen geschieht, und zwar mit einer Geschwindigkeit von einem Zentimeter pro Sekunde, bedient sich der Baum an der Signalweiterleitung durch Duftstoffe (vgl. Bodderas 2010). Diese gelangen durch den Luft-Kanal zu den anderen Blättern des Baumes. Diese Art der Kommunikation innerhalb eines Individuums stellt eine aktive Kommunikation mit anderen Individuen infrage (vgl. Anhäuser 2007: 64-64).

Dies belegt trotz alledem die Fähigkeit der Pflanze zur olfaktorischen Wahrnehmung, und damit Informationen anhand von Gerüchen aufzunehmen, wie es bei menschlichen Empfängern durch das Vomeronasal Organ in der Nasenscheidewand durch z.B Pheromone, die unterbewusst das Signal von Zuneigung oder Abneigung zu dem Sender signalisieren, geschieht (vgl. Roland 2010). Der Mensch kann jedoch entscheiden mit wem er olfaktorisch kommunizieren möchte, indem er sich zu einem anderen Individuum begeben kann. Der Baum kann dies nicht. Er ist sein ganzes Leben an einen Standort gebunden und bei diesem Mittel der Kommunikation vom Wind abhängig.

3.2 Auditive Wahrnehmung

Menschen können Töne wahrnehmen. Bäume sind ebenfalls in der Lage auditiv Signale wahrzunehmen. Dies zeigte eine Forschung, die sich mit der Bioakustik von Pflanzen beschäftigt. Hierbei wurden Getreidesämlinge untersucht. Die Wurzeln der Setzlinge geben Geräusche auf einer Frequenz von 220 Hertz ab. Exakt in diesem Frequenzbereich richten sich die Wurzelspitzen in die Richtung aus der das Geräusch von 220 Hertz ausgeht (vgl. Gagliano 2012: 1ff., Abbildung 1 im Anhang). Man geht nun davon aus, dass nicht nur Getreidesämlinge, sondern auch die Wurzeln aller Pflanzen, oder zumindest die der Bäume, diese Töne abgeben und auf sie reagieren können. Damit wird im Rahmen des Shannon-Weaver-Modells deutlich, dass hier ein Individuum mit einem anderen kommuniziert und Informationen austauscht. Dabei ist die eine Pflanze der Sender, deren Wurzel der Kodierer und der Untergrund der Kanal, indem entsprechendes Signal (Ton auf einer Frequenz von 220 Hertz) durch Vibration gesendet wird. Eine andere Wurzel ist wiederum der Dekodierer und der zugehörige Baum der Empfänger (vgl. Abbildung 2 im Anhang). Ob diese Art der Kommunikation aktiv oder passiv ist, ist unklar. Ebenso wie oder warum der Baum bzw. die Wurzeln Töne erzeugen.

Viel anders funktioniert die auditive Wahrnehmung beim Menschen nicht: Der Schall, verursacht durch die Stimmbänder des homo sapiens, trifft durch den äußeren Gehörgang (*Meatus acusticus externus*) auf das Trommelfell (*Membrana tympani*), welches ihn   durch

Schwingungen an das Mittelohr weitergibt. Von dort aus gelangen die Schwingungen durch das Innenohr an Haar-Sinneszellen, die wiederum ein elektrisches Signal an das Gehirn senden (vgl. Faller 2012: 646). Demnach unterscheidet sich die auditive Kommunikation in den unterschiedlichen Komponenten des Shannon-Weaver-Modells, jedoch nicht in dem eigentlichen Grundprinzip.

Einen weiteren Nachweis dafür, dass Pflanzen auditiv wahrnehmen können, zeigt eine Studie aus Italien. Dort wurden 10 Jahre lang Weinreben mit klassischer Musik beschallt. Die beschallten Weinreben wiesen ein besseres Wachstum der Früchte auf. Damit hat die Beschallung positive Auswirkung auf die Vitalität der Pflanze (vgl. Bodderas zit. n. Mancuso 2010). Eine Kommunikation wird dabei nicht ersichtlich.

4 Gustatorische Wahrnehmung

Ein Nachweis für eine gustatorische (geschmackliche) Wahrnehmung der Pflanze wird durch folgendes Beispiel wiederlegt: Frisst eine Raupe an einem Blatt einer Ulme wirken Signalstoffe, die im Speichel der Raupe auftreten, kanalbildend an der Zellmembran des Blattes, wodurch sich ein elektrisches Signal in der Pflanze leicht ausbreiten kann. Da sich der Speichel jeder Art unterscheidet, müssen Bäume in diesem Hintergrund die Fähigkeit haben den Speichel ihrer Prädatoren zu unterscheiden, um spezifische Abwehrstoffe zu bilden und in den Blättern einzulagern oder als Folge auf den Befall Prädatoren des Angreifers herbeizulocken (vgl. Anhäuser 2007: 62).

In einer ähnlichen Weise funktioniert die gustatorische Wahrnehmung bei Menschen. Beispielsweise die Aminosäure Glutamin löst an einem Umami-Rezeptor in einer Geschmacksknospe (*Caliculi gustatorii*) einen herzhaften Geschmack aus. Dabei werden chemische Signale am Rezeptor in elektrische Reize umgewandelt, ähnlich wie in der pflanzlichen Zelle (vgl. Chandrashekar et al. 2006: 288-294). Die gustatorische Wahrnehmung bei Bäumen nimmt eine verteidigende Rolle ein. Während beim Menschen der Geschmackssinn Mittel zum Erkennen verschiedener Lebensmittel und eventuell darin enthaltenen unverträglichen Stoffen ist, kann sich der Baum durch die gustatorische Wahrnehmung gegen Insektenbefall wehren. Die Information über den Befall wird nicht nur durch Duftstoffe verbreitet, sondern auch unterirdisch durch elektrische Signale in den Baumwurzeln (vgl. Billig; Geist 2010).

5 Sozialverhalten

5.1 Gruppenkuscheln

„Zu dicht können die Buchen dabei gar nicht wachsen, ganz im Gegenteil. Gruppenkuscheln ist erwünscht [...]" (zit. Wohlleben 2015: 22). Mit dieser Aussage, dass Gruppenkuscheln unter Buchen erwünscht sei, wird den Bäumen zugesprochen, die Nähe anderer Individuen aufzusuchen. Im Hinblick auf bestimmte Grundbedürfnisse des Menschen, z. B die Bedürfnisse nach Zugehörigkeit, Liebe und Freundschaft, die Nähe mit einem anderen Menschen implizieren, wird eine Ähnlichkeit zu der Aussage Wohllebens erkennbar. Allerdings kommt es zu intraspezifischer (innerartlicher) Konkurrenz, wenn die Dichte an Bäumen innerhalb eines Waldes zunimmt. Wenn also eine Raumknappheit in einem Wald herrscht, überleben die Bäume, die es schaffen, ihren Wuchsraum zu vergrößern, indem sie ihre Konkurrenten töten bzw. zum Absterben bringen (vgl. Westboy 1984: 167 ff.).

Dieses Verhalten weist wiederum Parallelen zu den von Charles Darwin beschriebenen Verhalten bei Menschen auf. Der Mensch vermehrt sich so stark, dass seine Ressourcen nicht zum Versorgen aller Menschen ausreichen. Daher kommt es innerartlich zu Existenzkämpfen (vgl. Darwin 1871: 117).

Eine Beobachtung meinerseits stellt Wohllebens These ebenfalls infrage. Ich habe drei verschiedene Kübel mit jeweils sieben Liter Gartenerde gefüllt. In zwei der Kübel pflanzte ich vier Paprikapflanzen (*Capsicum annuum*) ein (Kübel 1 & 2). In dem anderen (Kübel 3) zwei *Capsicum annuum*. Jeder Kübel wurde alle zwei Tage mit ca. einem Liter Wasser befeuchtet. Die Pflanzen in Kübel 3 begannen nach 21 Wochen mit der Ausbildung von Früchten. Die Pflanzen in Kübel 1 und 2 begannen erst nach 26 Wochen mit der Ausbildung von Früchten, nachdem jeweils eine der vier Pflanzen abgestorben war. Diese Beobachtung zeigt, dass Pflanzen um Nährstoffe konkurrieren, da sie diese für ihr Wachstum und für die Ausbildung von Früchten, also zur Fortpflanzung, benötigen. Wenn zu viele Pflanzen auf einem zu engen Raum stehen, sterben welche von ihnen ab. Auch hier zeigt sich, dass Gruppenkuscheln *nicht* erwünscht ist. Zwar wurden hier Paprikapflanzen und keine Bäume untersucht, jedoch ist der beobachtete Prozess, hinsichtlich der Theorie von Mark Westboy, zu pauschalisieren.

5.2 Netzwerke

Das Kambium stellt die Wachstumsschicht eines Baumes dar. Sie liegt zwischen Xylem, (Innenraum) und Phloem (Außenraum). Für beide Räume bildet das Kambium Zellen aus. Daher ist
es für das Dickenwachstum verantwortlich. In den Leitbündeln im Kambium findet der Trans-
port von Wasser und Mineralstoffen durch den ganzen Baum statt (vgl. Bresinsky et al. 2008).
Nun haben Forscher nachgewiesen, dass Bäume in der Lage sind, sich mit anderen Individuen,
ob von derselben oder von einer anderen Art, zusammenzuschließen. Dies geschieht unter
der Erde. An manchen Stellen verwachsen die Kambien zweier oder mehrerer Baumwurzeln
miteinander, wobei es keine Rolle spielt wie alt die Kambien sind. Das Kambium passt sich
dem Stoffwechsel und dem Dickenwachstum des fremden Kambiums an (vgl. Süss; Müller
2015: 448).

Eine Symbiose bezeichnet eine Wechselwirkung zwischen Lebewesen unterschiedlicher Arten.
Dabei ziehen beide Individuen Vorteile aus dem Zusammenleben. Die Mykorrhiza ist eine
Form der Symbiose zwischen Baum und Pilz. Dabei dringen Pilzfäden, die sogenannten Hyphen, in den Innenraum der Baumwurzeln ein. Dadurch wird die Oberfläche der Wurzel ver-
größert und die Wurzel kann mehr Wasser und Mineralstoffe aufnehmen. Der Pilz erhält als
Gegenleistung energiereiche Stoffe aus der Fotosynthese des Baumes (vgl. Hausfeld, Schulenberg 2013: 134, 158; siehe Abbildung 3). Diese Verflechtung zwischen Pilz und Wurzel stellt
eine weitere Möglichkeit dar, wie sich Bäume untereinander zusammenschließen können. Bei
dieser Variante ist jedoch von einem passiven Verhalten der Bäume zu sprechen, da der Pilz
mit seinen Hyphen maßgebend für den Prozess des Zusammenschließens ist. Derselbe Pilz,
der beispielsweise in die Wurzel einer Kiefer (Pinus) eingedrungen ist, kann ebenfalls in die
Wurzel eines anderen Baum eindringen. Dadurch findet eine Verknüpfung zwischen diesen
beiden Bäumen statt. Diese Verflechtung kann sich auch über deutlich mehr Individuen er-
strecken. Eine Verflechtung ganzer Wälder durch Pilze ist nicht auszuschließen (vgl. Wohlleben 2015: 51ff.).

Im Hintergrund dieser Möglichkeiten der Vernetzung von Bäumen kommt es gehäuft zu folgenden Beobachtungen: Bäume, die aufgrund von mangelnder Fotosynthese eigentlich nicht
in der Lage sind am Leben zu bleiben, sterben trotz alledem nicht. Sie werden von umliegen-
den Bäumen über zusammengeschlossene Wurzeln mit energiereichen Stoffen versorgt. So
erhält eine Tanne im Schatten Kohlenstoffverbindung von einer benachbarten Birke (vgl.

Knauer 1997). Ob der Transfer von Nährstoffen dabei über die Pilzverflechtungen zwischen beiden Individuen abläuft, oder über direkte Wurzelverbindungen, ist ausschlaggebend für die Erörterung eines möglichen Sozialverhalten von Bäumen. Denn geschieht der Austausch von Nährstoffen lediglich unter Einwirkung von Pilzgeflechten, ist folgende These zu berücksichtigen: Der Pilz entscheidet von welchem Baum er Nähstoffe bezieht und an wem er diese weiterleitet. Dadurch, dass der Pilz somit aktiv und der Baum passiv agiert, ist in diesem Bezug nicht von einem sozialen Verhalten, bei Bäumen, zu sprechen. Baum hilft Pilz - Pilz hilft Baum. Baum hilft nicht einem anderen Baum. Der Pilz benutzt nur einen Baum um einem anderen zu helfen, der somit am Leben bleibt und den Pilz mit Stoffen aus der Fotosynthese versorgen kann.

Eine weitere Beobachtung lässt eher ein Sozialverhalten von Bäumen vermuten. Ein Baumstumpf, der aufgrund mangelnder physiologischer Voraussetzungen, nicht mehr in der Lage ist Fotosynthese zu betreiben, lebt weiter. Die einzige Erklärung dafür ist, dass es direkte Wurzelverbindungen zwischen dem Wurzeln des Stumpfes und denen anderer Bäume gibt. Oder eine Verflechtung durch Pilze vorliegt (vgl. Wohlleben 2015: 9ff.). Warum jedoch sollte ein Pilz über einen längeren Zeitraum einen Baumstumpf versorgen? Er liefert dem Pilz keine Gegenleistung, da er keine Fotosynthese betreiben kann. Daher ist davon auszugehen, dass das Überleben des Baumstumpfes auf einen Nährstoffeintrag durch direkte Wurzelverwachsungen zurückzuführen ist. Jedoch stellt sich hier die Frage, ob der Stumpf nicht die Nährstoffe von sich aus von den anderen Bäumen bezieht, oder ob die anderen Bäume den Stumpf aktiv versorgen. Da die Wurzeln zwischen den Wurzeln artfremder und artgleicher Bäume unterscheiden können, beweist dies, dass die Wurzeln gezielt zusammenwachsen können und dies nicht willkürlich geschieht (vgl. Anhäuser zit. n. Boland 2007).

Bäume scheinen soweit untereinander vernetzt, dass ein ganzer Wald in der Lage ist die Zuckerproduktion der einzelnen Bäume auszugleichen. Jeder Baum produziert, trotz unterschiedlicher Wasserverfügbarkeit, Bodenqualität oder Lichteinfall, fast identische Mengen an Zucker. Dabei findet ein Austausch von Nährstoffen unter den Bäumen statt. Dies geschieht wieder im Bereich der Wurzeln. Diese Forschung bezieht sich auf Buchenwälder (vgl. Wohlleben 2015: 22). Unklar bleibt dabei, ob die Verflechtungen der Pilze ausschlaggebend für den Austausch der Nährstoffe sind.

Davon abgesehen, in welcher Weise sich die Bäume untereinander mit Nährstoffen versorgen, oder von welchem Baum die Versorgung ausgeht, wird deutlich, dass Bäume untereinander verflochten sind und sich gegenseitig mit Nährstoffen aushelfen. Dies ist zum einen mit direkten Wurzelverwachsungen oder unter Einbeziehung von Pilzverflechtungen möglich. Das gegenseitige Austauschen von Nährstoffen könnte zum Ziel haben, ein geschlossenes Ökosystem zu schaffen. Da jeder Baum wertvoll für den Wald ist, versorgen sich Bäume gegenseitig. Nur als das Ökosystem *Wald* können Bäume ein ausgeglichenes Klima schaffen. Die Luft bleibt feucht. Die Bäume schützen sich gegenseitig vor Wind, Hitze und Kälte. Diese Bedingungen lassen erst die Möglichkeit eines hohen Alters der Bäume aufkommen (vgl. Wohlleben 2015: 12).

Auch in menschlichen Gesellschaften hilft man sich gegenseitig aus. Menschen, die nicht genug verdienen, um ihren Lebensunterhalt zu sichern, bekommen Hilfeleistungen vom Staat. Menschen helfen sich gegenseitig aus. Jedoch dabei distanzierter voneinander als es bei Bäumen der Fall ist. Während beim Baum lediglich Nährstoffe und Informationen ausgetauscht werden, kann der Mensch, mehr oder weniger, alles was er möchte untereinander austauschen. Das Prinzip, dass das Leben unter Einwirkung einer Gesellschaft verbessert wird, ist scheinbar bei Bäumen und Menschen gegeben. Nur durch den Austausch von z. B Informationen zwischen Wissenschaftler auf der ganzen Welt ist es möglich, Fortschritte zu machen, nicht zuletzt in der Medizin. Dadurch erreichen Menschen vergleichsweise hohe Alter. Durch die Vernetzung untereinander und das Zusammenarbeiten von mehreren Individuen, scheinen sich Vorteile zu ergeben.

5.3 Fortpflanzung

Ein weiterer Nachweis für ein Sozialverhalten unter Bäumen stellt das Fortpflanzungsverhalten von Laubbäumen dar. Eichen (Quercus) und Buchen (Fagus) blühen und bilden Früchte aus, wenn der Wildbestand innerhalb des Waldes zurückgegangen ist. Dadurch werden weniger Eicheln und Bucheckern vom Wild gefressen. Die Vermehrung der Bäume ist gesichert. Um eine möglichst große Vermischung der Gene zu erreichen, stimmen sich die Bäume ab und blühen gemeinsam. Diese Abstimmung ist vermutlich durch einen Austausch von Informationen untereinander möglich. Allgemein streben Bäume eine möglichst große Vermischung der Gene an. Dies geschieht durch die Pollenübertragung durch Bienen oder Wind. Dadurch werden Individuen von weitentfernten anderen Individuen bestäubt und eine Mischung der Gene findet statt (vgl. Wohlleben 2015: 25ff.). Dies scheint Vorteile für den Nachwuchs der Bäume mit sich zu bringen.

Auch Menschen streben eine möglichst große Vermischung der Gene an. Der Duft eines Menschen beeinflusst die Zuneigung eines anderen Menschen. Wird der Duft von einem anderen Menschen als angenehm wahrgenommen, besitzt dieser einen deutlich abweichenden Genpool. Die Kompatibilität der Gene hat dadurch einen gesunden Nachwuchs zur Folge (vgl. Roland 2010).

5.4 Mutterschutz

Eine weitere Aussage des Försters Peter Wohlleben ist kritisch zu betrachten. Wenn ein neuer Baum unter seinem Mutterbaum wächst, sorgt die Krone des Mutterbaumes dafür, dass der heranwachsende Baum wenig Licht abbekommt. Dadurch wächst er im jungen Alter langsamer, da ihm nur drei Prozent des Sonnenlichtes zur Verfügung steht und er folglich nur wenig Fotosynthese betreiben kann. Ein langsames Wachstum in jungen Jahren hat zur Folge, dass der Baum vergleichsweise alt wird. Daher behauptet Wohlleben, es handle sich bei dem Sonnenentzug durch die Krone des Mutterbaums um eine „[...] pädagogische Maßnahme [...]" der „[...] Eltern [...]" (zit. Wohlleben 2015: 36). Ich bezweifle diese Aussage, da der Mutterbaum seine Krone bereits ausgebildet hat, bevor sein Nachwuchs zu sprießen beginnt. Daher bildet er die Krone *nicht* speziell aus, um den neu wachsenden Bäumen das Licht zu entziehen.

Ebenfalls wird behauptet, dass die Mutterbäume durch einen Zusammenschluss ihrer Wurzeln und denen ihres Nachwuchses Kontakt zu diesen aufnehmen. Der Baum kann nun die heranwachsenden Bäume über die Wurzeln mit Nährstoffen versorgen (vgl. Wohlleben 2015: 37). Dass die Wurzeln in der Lage sind die Wurzeln artfremder und artgleicher Bäume zu unterscheiden, wissen wir bereits (vgl. 5.2 Netzwerke). Jedoch gibt es keine wissenschaftliche Erklärung dafür, dass ein Mutterbaum seinen Nachwuchs erkennt. Er kann zwar erkennen, dass der Baum artgleich ist, jedoch nicht, dass er sein eigener Nachwuchs ist. Da der Nachwuchs in diesem Fall dicht an seinem Mutterbaum steht, wird die Wahrscheinlichkeit erhöht, dass sich die Wurzeln der beiden Bäume finden. Ein aktiver Mutterschutz, wie er von Wohlleben impliziert wird, kann nicht nachgewiesen werden.

6 Lernfähigkeit

Menschen sind lernfähig. Sie lernen bspw. durch Gewöhnung. Wenn ein Verhalten in der Folge von mehrfachen, sich wiederholenden Reizen abnimmt, spricht man von einer Gewöhnung (Hausfeld et al. 2013: 244). Das erfahrungsbasierte Lernen besagt unter anderem, dass durch gesammelte Erfahrung bereits vorhandene Ideen umgeformt werden und dadurch ein Lernprozess ersichtlich wird (vgl. Kolb 1984: 25ff.). Diese Lernmethoden beinhalten, dass das Gehirn des Menschen als Speicher des erlernten Wissens fungiert. Dieser sei vonnöten, um Gelerntes abzurufen. Hirnforscher Gerald Hüther behauptet jedoch, "[...] dass ein funktionsfähiges Gehirn für das Lernen eine zwar günstigere, aber nicht notwendige Voraussetzung ist [...]" (zit. nach Hüther 2016: 9). Da Bäume ebenfalls kein physisches Gehirn besitzen, unterstützt die Aussage Hüther's folgende These: Bäume sind lernfähig.

Allgemein bekannt ist, dass Bäume Wasser brauchen um ihre Vitalität zu erhalten. Über das Laubwerk in der Krone werden, bspw. bei der *Fagus*, mehrere 100 Liter am Tag transpiriert bzw. verdunstet. Durch die Transpiration entsteht ein Sog im Inneren des Baumes. Das im Boden durch die Wurzeln aufgenommene Wasser gelangt durch Kohäsion, in Richtung des Soges, in die Krone. Dort transpiriert es und neues Wasser wird aufgenommen (vgl. Wohlleben 2015: 56ff.). Bäume die in einem Gebiet mit ausreichend mit Wasser versorgtem Boden stehen, pumpen so viel wie möglich Wasser aus dem Boden ab. Seine Wurzeln erkennen, dass immer ausreichend Wasser vorhanden ist (vgl. Bodderas zit. n. Frantisek 2010). Sie kennen keine Wasserknappheit. Kommt es zu einer Trockenperiode, entstehen Risse in den Stämmen. Dazu kommt es, da die hohe Transpiration Wasser benötigt, um voranzuschreiten. Wenn jedoch nicht genug Wasser vorhanden ist, wird der Druck im Stamm höher: Es entstehen Risse. Der Baum nimmt in den folgenden Jahren nur noch so viel Wasser auf, dass für eine erneute Trockenperiode noch genug Wasser im Boden vorhanden ist (Wohlleben 2015: 45ff.). Demnach hat der Baum aus der Erfahrung, dass er auch unter Wassermangel leiden kann, gelernt, das Wasser aus dem Boden, besser einzuteilen.

Lässt man Wassertropfen auf die Blätter von Mimosen (*Mimosa pudica*) fallen, ziehen sich diese zusammen. Nach einiger Zeit reagieren die Blätter nicht mehr auf die Tropfen und behalten dieses Verhalten über Monate bei. Die Pflanzen bzw. die Blätter haben gelernt, dass von den Tropfen keine Gefahr ausgeht. (vgl. Gagliano 2014). Das Verhalten der sich zusammen ziehenden Blätter, bei aufprallenden Wassertropfen, nimmt mit der Zeit ab und hört auf.

Durch mehrfache, wiederholende Reize hat die Pflanze durch Gewöhnung gelernt, die Blätter nicht mehr zu schließen.

Bäume, die an einen anderen Baum lehnen, investieren weniger Energie in das Ausbilden von einem stabilen Stamm. Der andere Baum gibt ihm ausreichend Stabilität. Entfernt man den stabilisierenden Baum, oder fällt dieser auf natürliche Weise zu Boden, wird der Baum, der gegen diesem lehnte, instabil. Da er sich nun stärker im Wind biegt, bilden sich Risse am Stamm. Ab diesem Zeitpunkt investiert der Baum in das Dickenwachstum, um durch einen breiteren Stamm Stabilität zu leisten und Risse zu vermeiden. Der Baum hat durch die Erfahrung, Risse im Stamm zu bekommen, aufgrund von plötzlich auftretender Instabilität, gelernt, mehr Energie in das Dickenwachstum zu stecken. Er passt sich seinen Umweltbedingungen an. Ein Lernprozess wird deutlich (vgl. Wohlleben 2015: 46ff.).

7 Zusammenfassendes Fazit

Bäume sind in der Lage gustatorisch wahrzunehmen. Zudem scheinen manche Arten durch Duftstoffe miteinander zu kommunizieren, wie es auch Menschen tun. Beim Menschen ist die Kommunikation durch Duftstoffe jedoch unbewusst. Auch auditiv können Bäume wahrnehmen. Eine Erzeugung, Verarbeitung und Verwertung eines Tonsignals findet statt. Individuen nehmen Töne ihrer Artgenossen wahr und reagieren auf diese. Eine Kommunikation durch auditive Signale ist erkennbar. Der Mensch verwendet ebenfalls Töne, um miteinander zu kommunizieren. Die Kommunikation durch Töne räumt jedoch beim Menschen eine wesentlichere Methode zur Kommunikation ein. Bei beiden Parteien werden chemische- in elektrische Signale umgewandelt und in Form von Aktionspotenzialen im Körper bzw. im Baum weitergeleitet. Das Shannon-Weaver-Modell, zur Kommunikation bei Menschen, lässt sich gut auf die Kommunikation bei Bäumen übertragen. Ebenso wie der Mensch olfaktorisch, gustatorisch und auditiv wahrnimmt, tut der Baum dies ebenfalls. Der größte Unterschied dabei ist der, dass bei dem Menschen als separat erkennbare Organe für die unterschiedlichen sinnlichen Wahrnehmungen und die damit einhergehende Kommunikation verantwortlich sind. Während in mancherlei Hinsicht ein Sozialverhalten unter Bäumen erkennbar wird, ist es kritisch zu betrachten. Bäume mögen es nicht, wenn sie zu dicht stehen. Bei einer zu hohen Dichte an Individuen kommt es, wie beim Menschen, zur Ausmerzung von manchen Individuen. Lebenswichtige Ressourcen sind nunmehr ausreichend für den restlichen Bestand. Beim gegenseitigen Austausch von Nährstoffen steht die Frage im Raum, ob nicht Pilze maßgebend für den Austausch sind. Jedoch ist aufgrund von Untersuchungen von Baumwurzeln und spezifische Beobachtungen davon auszugehen, dass Bäume, auch ohne Pilze, in der Lage sind, Nährstoffe untereinander auszutauschen. Die Bäume scheinen dabei miteinander komplex verflochten. Ganze Wälder synchronisieren ihre Zuckerproduktion. In diesem Sinne sind die sozialen Tendenzen sogar stärker als beim Menschen ausgeprägt. Die Bäume interagieren, im Vergleich zum Menschen, direkter miteinander und beschränken sich dabei auf den Austausch von Information und Ressourcen zur Bekräftigung ihrer Vitalität. Im Verhalten der Fortpflanzung ist eine Ähnlichkeit zwischen Mensch und Baum erkennbar: Beide streben eine möglichst große Vermischung ihrer Gene an. Ebenso sind Bäume, genau wie Menschen, in der Lage zu lernen. Diese Lernprozesse sind mit den gleichen Modellen begründbar, mit denen man menschliches Lernen erklärt. Eine Speicherung von Informationen findet demnach statt.

Allgemein lässt sich zusammenfassen, dass Bäume verglichen mit Menschen parallele Tendenzen in ihren Verhaltensweisen aufweisen, jedoch nicht in einem einzigen Punkt voll und ganz parallel sind. So versorgen sich Bäume gegenseitig mit Nährstoffen und weisen somit ein Sozialverhalten wie beim Menschen auf, machen dies jedoch aus anderen Gründen und in einer anderen Art und Weise. Doch führt mich diese Arbeit zum Schluss, dass Bäume eine weitaus höhere Intelligenz aufzuweisen haben, als bisher angenommen. Die Lernfähigkeit ist dabei Mittel zu schneller Anpassung und Fortschritt, wie es bei Menschen der Fall ist. Auch, dass Bäume ihre Umwelt ebenso sinnlich wahrnehmen, miteinander kommunizieren und durchaus soziale Wesen sind, sollte das Bewusstsein der Menschen gegenüber den Bäumen erhöhen.

8 Anhang

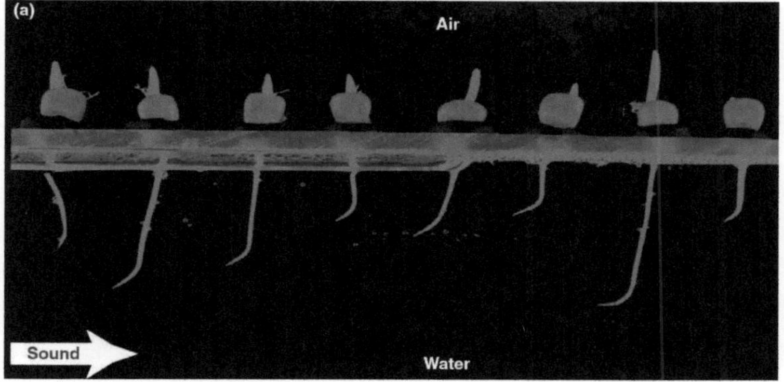

Abbildung 1: Wurzeln von Getreidesetzlingen unter einer Beschallung im Frequenzbereich von 220 Hertz, 2012.

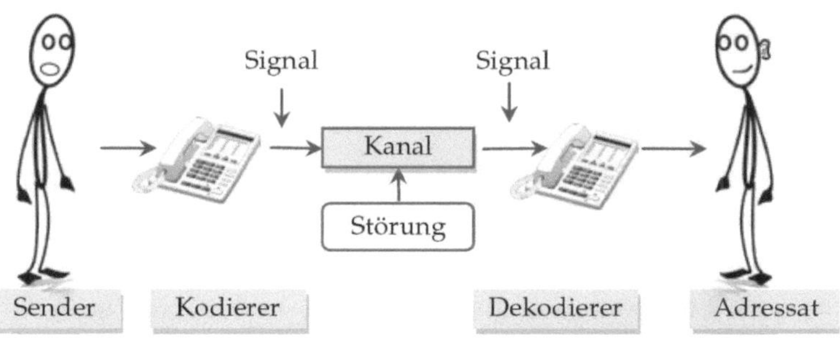

Abbildung 2: Grafische Darstellung des Shannon-Weaver-Modell, 2012.

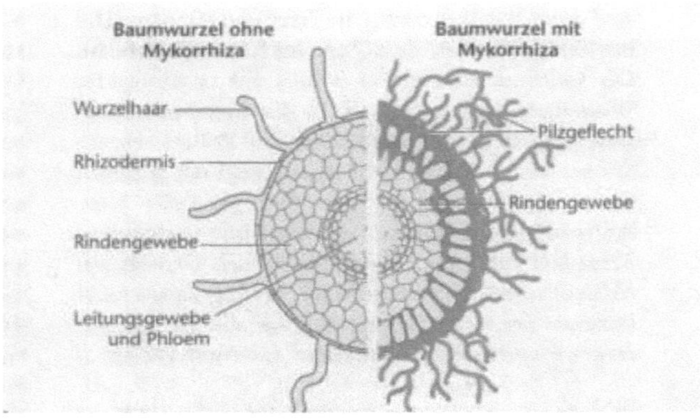

Abbildung 3: Kiefernwurzel mit und ohne Mykorrhiza, 2013.

9 Quellenverzeichnis

Literaturquellen

- Bresinsky, Andreas et al.: Strasburger – Lehrbuch der Botanik. 36. Aufl. Heidelberg: Springer Spektrum , 2008.

- Darwin, Charles: Die Abstammung des Menschen und die geschlechtliche Zuchtwahl. Aus dem Englischen von Carus, Julius Victor. 2. Ausg.: E. Schweizerbart'sche Verlagshandlung, 1871.

- Faller, Adolf: Der Körper des Menschen. Einführung in Bau und Funktion. Bearb. v. Schünke, Michael, u. M. v. Schünke, Gabriele. 16., überarb. Aufl. Stuttgart: Georg Thieme, 2012.

- Hausfeld, Rainer (Hrsg.); Schulenberg, Wolfgang: Bioskop. Braunschweig: Westermann Schulbuchverlage, 2013.

- Hüther, Gerald: Mit Freude lernen - ein Leben lang. Weshalb wir ein neues Verständnis vom Lernen brauchen. Göttingen: Vandenhoeck & Ruprecht, 2016.

- Kolb, David A.: Experiential Learning. Experience as the source of learning and development. New Jersey: Prentice Hall, 1984.

- Röhner, Jessica; Schutz, Astrid: Psychologie der Kommunikation. Wiesbaden: Springer, 2012.

- Wohlleben, Peter: Das Geheime Leben der Bäume. Was sie fühlen, wie sie kommunizieren – die Entdeckung einer verborgenen Welt. 16. Aufl. München: Ludwig, 2015.

Internetquellen

- Anhäuser, Marcus (2007): Der stumme Schrei der Limabohne. Interview mit Maffei, Massimo und Boland, Wilhelm. In: MaxPlanck-Forschung 3/2007. https://www.mpg.de/934657/W001_Biologie-Medizin_060_065.pdf (Zugriff am 30.08.2017).

- Billig, Susanne; Geist, Petra (2010): Die Intelligenz der Pflanzen. Wie botanische Gewächse unterirdisch miteinander kommunizieren. http://www.deutschlandfunkkultur.de/die-intelligenz-der-pflanzen.1067.de.html?dram:article_id=175600 (Zugriff am 30.08.2017).

- Bodderas, Elke u. a. zit. n. Baluska, Frantisek; Mancuso, Stefano (2010): Pflanzen besitzen eine besondere Intelligenz. In: Welt.de. https://www.welt.de/wissenschaft/article5804911/Pflanzen-besitzen-eine-besondere-Intelligenz.html (Zugriff am 26.09.2017).

- Cervinka, Renate et al. (2014): Green Public Health – Benefits of Woodlands on Human Health and Well-being. In: greencare. https://bfw.ac.at/cms_stamm/GreenCare-Wald/pdf/GPH_englisch_gesamt.pdf (Zugriff am 30.09.2017).

- Chandrashekar, Jayaram et al. (2006): The receptors and cells for mammalian taste. In: Nature. Vol. 444. https://www.researchgate.net/publication/232779441_The_receptors_and_cells_for_mammalian_taste (Zugriff am 30.08.2017).

- Gagliano, Monica (2014): Move over elephants – plants have memories too. http://www.news.uwa.edu.au/201401156399/research/move-over-elephants-mimosas-have-memories-too (Zugriff am 30.09.2017).

- Gagliano, Monica et al. (2012): Towards understanding plant bioacoustics. In: Trends in plants science. Vol. 954. http://www.linv.org/images/papers_pdf/1-s2.0-s1360138512000544-main.pdf (Zugriff am 30.08.2017).

- Knauer, Roland H. (1997): Wie die Birke die Tanne am Leben erhält. In: Welt.de. https://www.welt.de/print-welt/article642917/Wie-die-Birke-die-Tanne-am-Leben-erhaelt.html (Zugriff am 04.10.2017).

- Mischke, Roland (2010): Liebe allein genügt nicht – der Duft ist entscheidend. In: Welt.de. https://www.welt.de/lifestyle/article8528097/Liebe-allein-genuegt-nicht-der-Duft-entscheidet.html (Zugriff am 30.08.2017).

- Müller, Lutz ;Süss, Herbert (2015): Untersuchungen über das Vorkommen von Wurzelhölzern und Wurzelverwachsungen in einem Koniferenmischwald aus dem Tertiär der sächsischen Braunkohle. In: Geologica Saxonica. Vol. 60(3): 435-449. http://www.senckenberg.de/files/content/forschung/publikationen/geologicasaxonica/60_3/03_geologica-saxonica_60-3_2014_suess-mueller_435-449.pdf (Zugriff am 04.10.2017).

- Westboy, Mark (1984): The Self-Thinning rule. In: Advances in ecological research. Vol. 14. https://books.google.de/books?id=7a68iGQ-AtUC&pg=PA167&lpg=PA167&dq=The+self-thinning+rule.+Advances+in+ecological+research&source=bl&ots=ALP-teYqE4P&sig=Ks0aWjP6RC8gQ1h2ADn1k8u31xM&hl=de&sa=X&ved=0ahUKEwifvyMjsPWAhXK1hoKHYmqDF0Q6AEIUzAF#v=onepage&q=The%20self-thinning%20rule.%20Advances%20in%20ecological%20research&f=false (Zugriff am 26.09.2017).

Bildquellen

- **Abbildung 1:** Wurzeln von Getreidesetzlingen unter einer Beschallung im Frequenzbereich von 220 Hertz 2012, unter: http://www.linv.org/images/papers_pdf/1-s2.0-s1360138512000544-main.pdf (Zugriff am 30.08.2017).

- **Abbildung 2:** Grafische Darstellung des Shannon-Weaver-Modell. In: Psychologie der Kommunikation. Röhner, Jessica; Schutz, Astrid. Wiesbaden: Springer, 2012.

- **Abbildung 3:** Kiefernwurzel mit und ohne Mykorrhiza. In: Bioskop. Hausfeld, Rainer (Hrsg.); Schulenberg, Wolfgang. Braunschweig: Westermann Schulbuchverlage, 2013.

BEI GRIN MACHT SICH IHR WISSEN BEZAHLT

- Wir veröffentlichen Ihre Hausarbeit, Bachelor- und Masterarbeit

- Ihr eigenes eBook und Buch - weltweit in allen wichtigen Shops

- Verdienen Sie an jedem Verkauf

Jetzt bei www.GRIN.com hochladen und kostenlos publizieren